RAPPORTS DU JURY INTERNATIONAL

PUBLIÉS SOUS LA DIRECTION

DE M. MICHEL CHEVALIER

TRAVAUX

DE

CAPTAGE DES EAUX MINÉRALES

ÉTABLISSEMENTS THERMAUX

PAR

M. JULES FRANÇOIS

PARIS

IMPRIMERIE ET LIBRAIRIE ADMINISTRATIVES DE PAUL DUPONT

45, RUE DE GRENELLE-SAINT-HONORÉ, 45

1867

TRAVAUX

DE

CAPTAGE DES EAUX MINÉRALES

ÉTABLISSEMENTS THERMAUX

L'histoire des travaux d'amélioration des eaux minérales témoigne combien est féconde la période qui, commencée vers 1840, se continue sous l'influence de causes au nombre desquelles nous mettrons d'abord la facilité et la rapidité de déplacement dues aux chemins de fer, ainsi qu'une préoccupation plus générale et plus attentive du corps médical en faveur de l'emploi des eaux minérales contre les affections chroniques.

L'importance croissante de l'exploitation des eaux minérales, dont l'usage, on le peut dire, passe dans les mœurs, est attestée à l'Exposition universelle de 1867 par de nombreux spécimens de ces eaux qui y ont été envoyés par plusieurs États de l'Europe. L'Empire Ottoman, la Roumanie, les États autrichiens, l'Italie, la France, la Suisse, l'Espagne, le Portugal, le nord de l'Allemagne s'y sont fait représenter par des types intéressants et variés. Par les soins de M. Ludovic Ville, ingénieur en chef des mines, l'Algérie a réuni, dans une nombreuse collection d'échantillons, les spécimens de ses genres les plus remarquables d'eaux minérales.

La marche ascendante de la mise en valeur de ces produits immédiats du sol peut être accusée d'une manière toute pratique par l'exposé sommaire des travaux de recherche et de captage d'eaux minérales, ainsi que de ceux de construction ou d'amélioration des établissements thermaux, accompli ou préparés dans la période de 1860 à 1867.

CHAPITRE I.

RECHERCHE ET CAPTAGE D'EAUX MINÉRALES.

Travaux à la sonde.

Bourbonne-les-Bains (France).
Bourboule (France).
Coursan (France).
Enghien (France).
Hombourg (Prusse).
Lamalou-le-Haut (France).

Lamalou-du-Centre (France).
Lavey (Suisse, canton de Vaud).
Nowenahr (Prusse rhénane).
Soden (Prusse).
Spa (Belgique).
Vals (France).

*Travaux par puits et tranchées, avec enchambrement
à l'émergence.*

Ax (France).
Bourboule (France).
Bourbon-l'Archambault (France).
Contrexéville (France).
Eaux-Bonnes (France). — Source d'Ortech.
Enghien (France). — Source Coquille.
Plombières (France). — Source du Thalweg.

Saint-Galmier (France).
Schinznach (Suisse, canton d'Argovie).
Ussat (France). — Source de la rive gauche de l'Ariège.
Vergez (France).
Wiesbaden (Prusse).
Wilbad (Wurtemberg).

*Travaux par galeries de niveau à la roche avec enchambrement
à l'émergence.*

Aix-les-Bains (France).
Bouridet-Capvern (France).
Campagne (France).
Cautérets (France).
Lamalou-Lancien (France). — Sources de l'Usclade.

Luchon (France). — Sources du Sud.
Plombières (France). — Sources savonneuses.

Travaux par semelle de béton avec colonne de captage
à l'émergence.

Aix (Bouches-du-Rhône, France).	Barèges (France).
Aix-la-Chapelle (Prusse rhénane).	Dax (France).

L'art de capter les eaux minérales, à en juger par les traces nombreuses qui subsistent, est d'origine ancienne. Comme l'art de conduire et de distribuer les eaux dans les villes, il florissait déjà pendant la période gallo-romaine, qui fut aussi, sous nos aïeux, celle du culte des sources. Il s'était élevé à la hauteur de la spéculation et de l'application scientifique. Il a eu, on n'en saurait douter, ses ingénieurs spéciaux, comme on en découvre l'indication précise dans l'ensemble des travaux de Vichy, Néris, Évaux, Bourbon-Lancy, Bourbon-l'Archambault, Saint-Honoré, etc., pour le groupe du centre de la France ; et dans ceux de Luchon, de Bagnères, d'Amélie-les-Bains, pour le groupe des Pyrénées (versant français).

L'ingénieur gallo-romain avait ses règles pour la mise à découvert et pour le captage des sources thermales. Il procédait souvent par une découverte à ciel ouvert, à front vertical et à plate-forme horizontale, placée soit à flanc de coteau (Bourbon-Lancy, — Saint-Honoré), soit perpendiculairement au thalweg du lieu des sources (Évaux, Plombières). C'est à la plate-forme de la découverte que, sur les points d'émergence les plus accusés, il fonçait des puits à la roche, ou bien y implantait des tubes et colonnes de captage.

D'autres fois (et le cas est fréquent), il consolidait l'émergence par des massifs de retenue et par des semelles en béton. On a trouvé à Plombières, à Luchon, à Vichy, des massifs de retenue d'une importance capitale. La semelle de béton a été d'un emploi plus fréquent. Tantôt elle recouvrait l'espace compris entre une série de puits à la roche (Bourbon-Lancy, — Saint-Honoré), tantôt elle s'étendait sur toute la surface de la plate-forme, pour y enserrer et y soutenir la base des tubes et colonnes de captage (Évaux, — Néris, — Bagnères). D'autres fois, la semelle de béton formait le pourtour et remplissait les intervalles d'une série de bassins, ou bien de piscines dont la succession indiquait, à ne point s'y tromper, la hiérarchie sociale d'alors. En tête, les deux piscines ornées pour les patriciens des deux sexes ; puis celles des soldats et du peuple ; à l'aval, celles des esclaves.

Nulle part on ne trouve, dans les travaux de découverte, des sources de la période gallo-romaine, des traces de l'emploi de la sonde et du percement de galeries souterraines. En un seul point, à Aix-les-Bains, au lieu dit le Cul-de-Lampe, on pouvait, il y a quelques années, remarquer un ouvrage romain en forme d'aqueduc de 4 à 5 mètres seulement de pénétration, qui se dirigeait vers l'émergence de la source d'alun.

Les tubes et colonnes de captage étaient en bois (Luchon, — Bagnères, etc.), ou en brique (Évaux, — Amélie-les-Bains, — Néris, — Bourbon-Lancy, etc.), ou bien en pierre (Évaux, — Saint-Honoré, — Plombières, — Luxeuil, — Bains, etc.)

Tous les travaux de captage d'eaux minérales de l'époque gallo-romaine se distinguent par des conditions de stabilité et de durée qui leur ont permis de servir, depuis la renaissance de l'usage de ces eaux jusqu'au commencement du siècle. C'est encore de puits romains dont on se sert à Saint-Honoré, à Bourbonne-Lancy, à Néris, à Bourbon-l'Archambault et sur beaucoup d'autres points.

On a peu fait chez nous, depuis la période gallo-romaine, en matière de recherches et de captage des sources thermales jusqu'au milieu du XVIIIe siècle. Presque partout on a vécu sur le passé. Comme chez les anciens, on se baignait en commun. On ne signale guère, pendant la fin du XVIIIe siècle et le commencement du XIXe siècle, que les tubages de Barèges, de Castéra, de Plombières, de Luxeuil, et les enchambrements de Bourbonnes, de Bagnères, de Pougues et de Vichy.

Ce n'est que de 1830 à 1840 et depuis que la recherche et le captage des sources minérales ont fait d'incontestables progrès, sous l'influence d'un usage de plus en plus généralisé par la progression des connaissances médicales et par l'extension des moyens de rapide et facile communication.

On a vu plus haut que les anciens avaient pratiqué, d'une manière large et bien entendue, la découverte en roche des eaux minérales, soit par voie d'excavation par tranchée à front vertical et à plate-forme horizontale, soit par foncement de puits également à la roche, et qu'ils en avaient réalisé le captage ou l'enchambrement par tubes ou par colonnes verticales, combinés avec le barrage ou massif de retenue et avec la semelle de béton.

Ces dernières mesures ont été appliquées depuis avec succès sur plusieurs points. On cite, notamment, Barèges, Aix-la-Chapelle (source de l'Empereur), Aix (Bouches-du-Rhône), Luchon, etc.

Mais les progrès de l'art des mines et de l'emploi de la sonde avaient ouvert d'autres voies à la recherche des eaux minérales, dont les origines géologiques et le gisement étaient mieux connus. Aux vastes découvertes des anciens on a substitué, avec avantage, la galerie souterraine, qui permet de s'étendre et d'explorer avec rapidité sur une grande surface. L'exploration de niveau n'était pas suffisante ; par les conditions propres au gisement des eaux minérales, il fallait aussi et souvent explorer et agir en profondeur : d'où le foncement de puits plus profonds que ne le pratiquaient les anciens ; d'où également le recours à la sonde.

En France la recherche par galerie de niveau a précédé l'emploi de la sonde. On trouve des spécimens de la découverte par galeries souterraines à Uriage, à Luchon, à Barèges, à Cauterets, etc. Nous n'avons point de puits de profondeur.

Chez nos voisins on a peu ou pas pratiqué la recherche par galeries souterraines. On en cite quelques exemples dans les Pyrénées espagnoles, à Lez, à Artiès (vallée d'Aran). Quant aux puits de profondeur, on indique ceux de Lavey (canton de

Vaud), de Schinzonach (Argovie), de Bade (Suisse), de Bor-
cette, de Munster, de Kreuznach, de Soden, de Nauheim
(Prusse), etc.

Quant à l'emploi de la sonde pour recherche et captage des
eaux minérales, l'Allemagne nous a de beaucoup précédés.
Cela tient, on peut le croire, aux grands sondages, pour recherches d'eau salée, auxquels donna lieu l'exploitation des
salines, et notamment de celles de Kreuznach, de Kissingen,
de Munster, d'OEynhausen, de Nauheim, etc. On sait que ces
sondages ont amené au jour des sources thermales des plus
puissantes, qui sont actuellement fréquentées par une clientèle
nombreuse, et parmi lesquelles on cite notamment : l'*Elisen-
quelle*, la *Hearlshalle* de Kreuznach, le *Munster*, le *Thermal-
soole* d'OEynhausen, le *Grosser-sprudel* de Nauheim, le
Schonborn-sprudel de Kissingen, etc.

En France l'application de la sonde à la recherche et au
captage des eaux minérales a pris une extension remarquable.
Elle a été pratiquée dans onze de nos principaux établissements. Il en est résulté vingt-neuf sources nouvelles et dix
sources anciennes améliorées, avec un accroissement de
1,910,000 litres.

Une des plus remarquables applications de la sonde dans
nos établissements est celle faite par les départements des
Travaux publics et de la Guerre à Bourbonne-les-Bains, où
l'on a employé le tubage fenêtré.

A Spa (Belgique), on a également fait usage de la sonde et
du tubage fenêtré pour la recherche et le captage de la source
du Pouhon de Pierre le Grand et de celles de Nivezée. M. Jules
Van Scherpenzeel Thimm nous a donné son active et intel-
ligente collaboration à ces travaux, qui assurent au nouvel
établissement minéral de Spa un contingent journalier de
480 à 500 mètres cubes d'une eau remarquablement ferrugi-
neuse (proto-carbonatée-ferreuse).

Dans le sondage de Nivezée on a fait concourir la pression

hydrostatique à la complète séparation de l'eau minérale et des infiltrations souterraines.

Ce mode d'application moderne, qui consiste à soutenir et à équilibrer l'eau minérale, dans sa marche ascendante, par des eaux ambiantes, a reçu plusieurs applications, notamment à Luchon, à Ussat, à Lavey.

Les ingénieurs des mines ont donné leur concours ou fourni leurs conseils pour l'exécution du plus grand nombre des travaux pratiqués pour la recherche et pour le captage des eaux minérales.

Il ne nous a pas été possible de nous renseigner suffisamment sur les résultats de tous les travaux d'amélioration des sources minérales exécutés en Europe de 1840 à ce jour. Cependant nous sommes près de la vérité en indiquant que les travaux exécutés de 1860 à 1867, et dont nous avons donné la nomenclature, ont produit 74 sources nouvelles, amélioré 63 sources anciennes et mis en valeur un contingent journalier d'environ 7,240,000 litres d'eaux minérales diverses, destinées à desservir des besoins plus étendus et sans cesse croissants.

Nous ajouterons que, pour la France, les travaux entrepris de 1840 à ce jour sur nos sources d'eaux minérales ont produit, dans leur ensemble, les résultats suivants :

On a découvert et capté 252 sources nouvelles ; on a capté ou enchambré 347 sources anciennes ; enfin on a augmenté d'environ 14 à 15 millions de litres le contingent journalier que fournit l'ensemble des sources de l'Empire (partie continentale).

De tels résultats ont leur valeur. L'exploitation des eaux minérales, dont le bénéfice s'adresse actuellement à toutes les classes, et qui contribue à la santé publique, a pris une place marquée parmi les branches de la richesse générale

CHAPITRE II.

ÉTABLISSEMENTS THERMAUX.

Le mouvement imprimé dès 1840 à l'usage des eaux minérales a fait construire de nouveaux établissements de bains, en même temps qu'il a déterminé l'introduction de modes d'administration perfectionnés ou nouveaux, et provoqué l'amélioration et l'agrandissement des anciens bains.

De 1860 à 1867 nous avons à signaler les travaux suivants :

Aix (Bouches-du-Rhône). — Agrandissement (Agr.) et amélioration (Am.) des bains. — Construction (Constr.) d'une annexe.

Aix-la-Chapelle. — Reconstruction (Reconstr.) du bain de l'Empereur.

Aix-les-Bains (Savoie). — Continuation des travaux d'agr. — Nouvelles piscines; douches de soubassement. — Salles d'inhalation. — Hospice thermal.

Alhama de Aragon. — Am. des Eaux et des Bains.

Alet (Aude). — Constr. d'un bain.

Ax (Ariége). — Am. des bains de Tech et du Breil. — Reconstr. du Bain Montmorency. — Constr. du nouveau Bain du pont du Breil.

Amélie-les-Bains (Pyrénées-Orientales). — Projet d'agr. et d'am. des thermes militaires. — Am. du Bain Pereire et du Bain Pujade.

Baden-Baden. — Constr. de la Trinkhall et d'un nouveau Bain.

Bagnères (Hautes-Pyrénées). — Agr. et am. des Thermes de la ville. — Projet d'une annexe.

Balaruc (Hérault). — Am. et agr. de l'établissement thermal.

Baréges (Hautes-Pyrénées). — Reconstr. de l'établissement thermal et de l'Hôpital militaire.

Bourbonne-les-Bains (Haute-Marne). — Projets définitifs de Reconstr. des établissements thermaux civils et militaires.

Bourbon-l'Archambault (Allier). — Projet de reconstr. de l'établissement thermal.

Campagne (Aude). — Agr. et am. des bains.

Cauterets (Hautes-Pyrénées). — Conduite amenée à Cauterets de l'eau des OEufs et du Mahourat.

Contrexeville (Vosges). — Agr. et am. des bains.

Dax (Landes). — Constr. du Bain de Fossés de la ville et du Bain de la Citadelle.

Enghien (Seine-et-Oise). — Reconstr. de l'ancien établissement des bains. — Constr. du Bain Coquil.

Lamalou-l'Ancien (Hérault). — Agr. et am. de l'ancien bain. — Constr. de nouvelles piscines.

Lamalou du centre. — Am. du bain ancien.

Lamalou-le-Haut. — Constr. d'un nouveau bain.

Lavey (Suisse, canton de Vaud). — Reconstr. de l'ancien bain.

Luchon (Haute-Garonne). — Continuation des travaux d'agr. et d'am. — Salles d'inhalation et humage. — Nouvelles salles de bains.

Luxeuil (Haute-Saône). — Am. des bains. — Reconstr. du Bain Neuf, du Bain des Bénédictins et du Bain des Fleurs.

Marlioz (Savoie). — Constr. de l'établissement thermal et d'un bain annexe.

Monte-Caffini (Italie). — Am. des sources, des Bains et des Grottes.

Mont-d'Or (Puy-de-Dôme). — Agr. et am. des Thermes.

Néris (Allier). — Agr. et am. des Thermes. — Constr. du Bain des Indigents et des bassins de réfrigération.

Nowenahr (Prusse-Rhénane). — Constr. d'un établissement de bains.

Panticosa (Espagne). — Am. des Eaux et des Bains.

Plombières (Vosges). — Constr. du Bain Napoléon et des Étuves romaines. — Am. des anciens bains.

Pougues (Nièvre). — Am. de l'établissement des bains.

Saïl-sous-Couzans (Loire). — Constr. d'un bain.

Saint-Alban (Loire). — Am. de l'établissement de bains.

Saint-Moritz (Suisse, canton des Grisons). — Reconstr. de l'établissement de bains.

Saint-Sauveur (Hautes-Pyrénées). — Agr. de l'établissement thermal.

Spa (Belgique). — Conduite d'amenée de l'eau du Nivezié à Spa. — Constr. d'un nouvel établissement de bains.

Schinznach (Suisse). — Am. et agr. de l'établissement des bains.

Tarasp (Suisse, canton des Grisons). — Reconstr. de l'établissement des bains.

Uriage (Isère). — Am. et agr. de l'établissement des bains.

Vichy (Allier). — Am. et agr. des établissements de bains. — Constr. d'une gare spéciale pour l'expédition des eaux.

Wiesbaden (Prusse). — Constr. d'un nouvel établissement de bains. — Constr. de la Trinkhall du Kockbrunn.

Wildbad (Wurtemberg). — Am. et agr. des établissements de bains.

Soit : 22 établissements thermaux agrandis et améliorés ;

     7   —   reconstruits ;

   17 nouveaux établissements ;

    6 projets définitifs pour reconstruction d'établissements importants.

Les documents statistiques que nous avons pu recueillir sur les eaux minérales étrangères ne permettent aucunement de résumer les résultats des améliorations réalisées aux établissements thermaux. Les données sont plus complètes en ce qui concerne la France.

En 1867, dans l'Empire français (partie continentale), on compte 893 sources minérales exploitées dans 246 stations thermales. Dans l'ensemble de ces stations il y a 118 établissements anciens, 37 agrandis et améliorés, 48 nouveaux ou reconstruits ; ensemble 203 établissements.

Les sources d'eau minérale sont très-nombreuses en Algérie. Aujourd'hui encore les indigènes en font usage comme on le faisait en Europe du neuvième au quatorzième siècle, c'est-à-dire qu'ils se plongent dans des bassins naturels ou d'origine romaine, à l'émergence des sources.

L'autorité militaire a facilité cet emploi traditionnel des eaux en établissant des piscines, notamment aux sources de Biskra, de Hamman Ouleid Zeid, des Bibans, de Hammam Mélouan, de Hamman ben Adjar, etc.

En outre, on compte en Algérie plusieurs établissements thermaux civils et militaires de construction récente ; tels sont les bains de Hammam Rhera, de Hammam Meskoutin, de Hammam ben Hamfin et des Eaux de la Reine.

Nous ne saurions terminer ce rapide exposé des travaux d'amélioration des sources d'eaux minérales et des établissements thermaux sans parler de l'importance marquée et toujours croissante de l'expédition de ces eaux. Les chiffres que nous allons citer, et qui se rapportent à des sources françaises, témoignent de la généralisation de l'usage des eaux minérales.

On expédie non-seulement les eaux dites médicinales, telles que Bonnes, Challes, Spa, Vichy, Vals, Barèges, Labasserre, etc., mais encore des eaux minérales dites hygiéniques ou de table, telles que Saint-Galmier, Condillac, Bussang, Vergèse, Soultzmatt, etc.

Les chiffres d'expédition annuelle les plus considérables sont ceux qui se rapportent aux eaux à la fois médicinales et hygiéniques et aux eaux simples de table. Ainsi, pour les premières, Vichy a dépassé le chiffre de 2,260,000 bouteilles ; Vals a atteint celui de 690,000 bouteilles. La station de Saint-Galmier n'en expédie pas moins de 4 à 5 millions.

Ce dernier résultat est de bon augure pour la santé publique ; il prouve en effet que de l'eau minérale hygiénique ou de table se substitue de plus en plus à l'eau ordinaire artificiellement surchargée d'acide carbonique.